国家大麦青稞产业技术体系、农业农村部南京农业机械化研究所西部
寒旱地区特色作物生产机械化创新团队资助出版

大麦青稞
机械化生产新技术

朱继平　陈　伟　等　编著

中国农业出版社
北　京

内容简介

本书以图文的形式，根据国家大麦青稞产业发展需要，系统整理了国家大麦青稞产业技术体系生产机械化岗位专家们近几年研发、推广应用的大麦、青稞高产栽培12种机械化生产新技术，包括土壤耕整、播种、收获等作业环节，并推荐了适用的作业机具，希望能助力大麦青稞产业健康发展。

本书可供从事大麦青稞种植、农机服务、农技推广和农机销售等工作的人员参考使用。

编著者名单

朱继平　陈　伟　夏　敏　袁　栋
丁　艳　姚克恒　梁秋菡

前言

大麦分为皮大麦和裸大麦。我们常见的带壳的为皮大麦，也是我们常说的大麦；裸大麦又称为青稞、元麦、米大麦等，是我国四省藏区和西藏特有的作物，也是藏族人喜爱的粮食。大麦青稞是我国仅次于水稻、小麦和玉米的谷物类粮食作物，具有悠久的种植历史。我国大麦青稞的种植分布广、跨度大，在我国东北、东南、中部、西南、西北都有种植。

由于大麦青稞种植区域大，各地土壤、气候条件和种植制度差异较大，对机械化要求各有不同，区域之间发展不均衡的问题比较严重。常规的大麦产区，如东北、东南、西北和中部，生产过程机械化水平比较高，已经基本实现了全程机械化生产。而西南和藏区，处于丘陵山区和高寒地区，机械化发展的条件差，基础比较薄弱，机械化程度比较低，影响了大麦青稞生产新技术、农机新装备的推广应用。

为了提升我国大麦青稞产业整体的机械化水平，促进区域农机化的发展，帮助从事大麦青稞种植、农机服务、农技推广和农机销售等工作的人员及时了解大麦青稞机械化生产新技术，推动大麦青稞高产栽培新技术推广应用，国家大麦青稞产业技术体系生产机械化岗位专家们梳理总结了近年来大麦青稞行业机械化生产新技术，并推荐了适用的作业机具，希望能助力大麦青稞产业健康发展。

最后，特别感谢江苏清淮机械有限公司、西安亚澳农机股份有限公司、山东大华机械有限公司、西藏临沭农机推广服务有限公司等单位提供技术支持。

编著者

2020年3月

目录

一、大麦机械化精量沟播作业技术

（一）实施目标

本技术是针对我国西北、东北等地区大麦秋播、春播时风沙大、地温较低的问题，为防止大麦播后发芽和出苗时发生冻害而采取的高产栽培技术所适用的机械化作业技术。该栽培技术就是在大麦播种时，在播种的空行间，按照地区每年的季风方向，构建挡风的小垄，对播种的种子和在作物出苗后均能起到防风、保温作用，实现节水抗旱、集雨保墒的技术效果，有利于大麦的出苗和生长。

（二）技术要点

大麦的机械化精量沟播作业可以采用以下两种作业路线。

1. 大麦精量沟播施肥作业技术

该技术在土壤耕整后，田间耕层土壤细碎、地表平整、植被覆盖严密，符合大麦播种作业的要求。选择采用外槽轮式排种器和双圆盘式开沟器（或靴式开沟器等）、种下施肥、间隔式对行镇压、机械式或电动驱动排种/排肥的谷物施肥播种机具。大麦精量沟播条播作业要求：一般播深3 ～ 5厘米，行距15 ～ 20厘米（可以调节），选用间隔式钢轮对行镇压方式，播后空行上形成顺行的小垄；必要时，机具两侧也可以配置做畦器，按照田间灌溉需要，形成10 ～ 15厘米高的田畦，便于大麦生产期间田间灌溉。机具沟播作业效果见图1-1。

图1-1　机具沟播作业效果

2. 大麦旋耕精量沟播施肥作业技术

该技术可在未耕地或已耕整地中，选用旋耕式的免耕施肥播种机或旋耕施肥播种机，把土壤旋耕与施肥播种有机结合在一起，一次作业完成土壤耕整、碎土、施肥播种、覆土镇压等作业；旋耕作业深度达10 ~ 15厘米，施肥播种与精量沟播施肥作业技术要求一致。该技术适用于小麦、大麦等作物的种植。机具旋耕沟播作业效果见图1-2，作物生长情况见图1-3。

图1-2　机具旋耕沟播作业效果

图1-3　作物生长情况

（三）推荐机具

推荐机具为西安亚澳农机股份有限公司生产的亚澳2BMG-4/7（220A）型免耕播种施肥机。

亚澳2BMG-4/7（220A）型免耕播种施肥机一台可抵旋耕机、小麦播种机、玉米免耕播种机、小麦免耕播种机等多台农具，既能播小麦、大麦、青稞，又可播玉米、大豆；在高茬秸秆地既能全耕播，又能免耕播。采用的取得发明专利的甩刀可彻底解决传统免耕播种机遇高茬、厚秆而拥堵以及因种床秸秆杂草多而烧坏种苗、影响生长的问题，提高机具的适应能力，解决了普通机具利用率低、机手效益差的问题。该机具可以在玉米秆直立地、秸秆还田地、小麦高茬浮秆地、深翻地等不同前茬条件下，一次性完成灭茬、开沟、播种、施肥、覆土、镇压等多道工序。亚澳免耕播种施肥机的结构见图1-4、图1-5。

图1-4　免耕播种施肥机（后视图）

图1-5　免耕播种施肥机（侧视图）

亚澳2BMG-4/7（220A）型免耕播种施肥机的技术参数见表1-1。

表1-1　亚澳2BMG-4/7（220A）型免耕播种施肥机技术参数

项　目	规格参数
配套动力/千瓦	47.8 ~ 58.8
工作幅宽/厘米	220
行数	4（玉米）；7（小麦、大麦、青稞等）
行距/厘米	40 ~ 80(玉米)；30 ~ 35[小麦、大麦、青稞等（空带)]
刀片形式	R245弯刀（定制)，掏草刀
排种器形式	外槽轮式（小麦、大麦、青稞等)；窝眼式（玉米)
排肥器形式	外槽轮式
驱动方式	镇压辊链传动
防堵工作部件	专利掏草刀
生产率/（公顷/时)	0.27 ~ 1.00

二、青稞机械化宽幅播种作业技术

（一）实施目标

本技术针对我国西藏及四省藏区推广应用的青稞高产栽培技术——青稞的宽幅栽培技术，可以充分利用土壤空间，增加田间通透性，有利于青稞生长期管理，提高青稞产量，是一种高效机械化作业技术。该栽培技术就是把普通的青稞播幅由一般的3 ～ 4厘米，增加到8 ～ 12厘米，提高了土壤养分的利用率，适当增加了空行宽度，有利于青稞生长时通风透光，提高青稞产量。

（二）技术要点

青稞机械化宽幅播种技术可采用以下两种作业路线。

1. 青稞机械化宽幅播种技术

该技术在土壤耕整后，田间耕层土壤细碎、地表平整、植被覆盖严密，符合青稞播种作业的要求。选择采用外槽轮式排种器和双圆盘宽幅式开沟器（或宽幅式靴式开沟器等）、种下施肥、整体圆筒辊镇压、机械式或电动驱动排种/排肥的谷物施肥播种机具。青稞宽幅播种作业要求：一般播深3 ～ 5厘米，播幅8 ～ 10厘米，行距22 ～ 27厘米，可以调节，播后镇压，防止跑墒。一般播量在28 ～ 32千克/亩*。

---

* 亩为非法定计量单位，1亩 = 1/15公顷。——编者注

2. 青稞旋耕施肥宽幅播种技术

该技术可在土壤翻耕后进行，也可在未耕地直接作业。选用具备宽幅播种功能的旋耕式的免耕施肥播种机或旋耕施肥播种机，施肥播种选择采用外槽轮式排种/排肥器和双圆盘宽幅式开沟器（或宽幅式播种器）、耕层施肥、整体圆筒辊镇压、机械式或电动驱动排种/排肥的谷物施肥播种机具。青稞旋耕宽幅匀播作业要求：旋耕深度一般10～15厘米，播深3～5厘米，播幅8～12厘米，行距22～30厘米，可以调节，播后镇压，防止跑墒。一般播量在28～32千克/亩。

该技术也可以与深松技术结合，选用深松旋耕施肥播种机，一次可完成深松、旋耕、施肥播种、覆土镇压等作业。深松深度控制在不小于25厘米，可减少投入，提高种植效益。使用机具进行青稞播种作业的效果见图2-1，青稞生长情况见图2-2。

图2-1 青稞播种作业效果

图2-2　青稞生长情况

（三）推荐机具

1.2BMF-9型宽幅施肥播种机

保定市鑫飞达农机装备有限公司生产的2BMF-9型宽幅施肥播种机（图2-3），播种宽度6～9厘米（常规双圆盘开沟器为4～5厘米），采用双线圆盘开沟器、V型管分隔器，形成2个苗带，播深2～4厘米，行距20～25厘米，配套动力25千瓦左右，最大播量36千克/亩，可用于小麦、大麦、青稞宽幅播种，施用颗粒肥。

图2-3　宽幅施肥播种机

2. 亚澳2BFG-4/8-200旋播施肥机

西安亚澳农机股份有限公司生产的亚澳2BFG-4/8-200旋播施肥机一台可抵旋耕机、小麦播种机、玉米播种机等多台农具，既能播小麦、大麦、青稞，又可播玉米、大豆；在高茬秸秆地可全耕播，也可以免耕播。取得发明专利的甩刀，彻底解决了传统免耕播种机遇高茬、厚秆而拥堵，因种床秸秆杂草多而烧坏种苗、影响生长的问题，又解决了普通农机适应能力差、利用率低、机手效益差的问题。该机具可以在玉米秆直立地、秸秆还田地、小麦高茬浮秆地、深翻地等不同前茬条件下，一次性完成灭茬、开沟、播种、施肥、覆土、镇压等多道工艺。

该机具可用于小麦、大麦和青稞的施肥播种作业。机具结构见图2-4、图2-5；图2-6为机具在西藏拉萨进行青稞播种作业。

图2-4　亚澳旋播施肥机（侧视图）

图2-5　亚澳旋播施肥机（正视图）

图2-6　青稞播种作业（西藏拉萨）

亚澳2BFG-4/8-200旋播施肥机的技术参数见表2-1。

表2-1　亚澳2BFG-4/8-200旋播施肥机技术参数

项　　目	规格参数
配套动力/千瓦	40.4 ~ 51.5（55 ~ 70马力）
作业幅宽/厘米	200
行数	4（玉米）；8（小麦、大麦、青稞等）
行距/厘米	40 ~ 80（玉米）；10 ~ 15［小麦、大麦、青稞等（空带）］
刀片形式	R245弯刀（定制），掏草刀
种肥箱容积/升	92
刀轴转速/（转/分）	第1组：225，251，279；第2组：245，273，303；第3组：251，283，365
生产率/（公顷/时）	0.27 ~ 1.00

3. 大华宝来2BFJ-9/5小麦宽苗带施肥精量播种机

山东大华机械有限公司生产的大华宝来2BFJ-9/5小麦宽苗带施肥精量播种机是结合农机农艺要求，在传统播种机基础上改进、优化，可实现精量播种的产品。该机具可与36.8 ~ 66.2千瓦（50 ~ 90马力）拖拉机配套作业，在经耕翻碎土整平的地块上一次性作业可完成起垄、施肥、宽苗带播种、覆土镇压等多道工序，通过宽苗带均匀播种，可增加种子有效分蘖，更利于通风采光、养分吸收和作物生长，提高小麦抗倒伏能力，从而提高粮食产量。可以用于大麦、青稞播种作业。

该机具率先在国内实现了采用单个排种器、输种管以及单圆盘双护翼分种装置播种，播种宽度可达10 ～ 12厘米；播种均匀度可满足小麦、大麦、青稞精量播种的技术要求；通过螺旋起垄器可以满足井灌区麦田筑畦的要求，并消除拖拉机轮辙压痕，保持播深一致。

机具的结构见图2-7，播种作业见图2-8，播后生长情况见图2-9。

图2-7　大华宽苗带施肥精量播种机

图2-8　播种作业后状态

图2-9 生长情况

大华宝来2BFJ-9/5小麦宽苗带施肥精量播种机技术参数见表2-2。

表2-2 大华宝来2BFJ-9/5小麦宽苗带施肥精量播种机技术参数

项 目	规格参数
配套动力/千瓦	≥51.4（≥70马力）
作业幅宽/厘米	243
播种行数	9
施肥行数	5
作业行距/厘米	27（可调）
种子深度/厘米	2～3
肥料深度/厘米	8～12
生产率/（公顷/时）	1.16～1.40

三、大麦青稞机械化立体匀播作业技术

（一）实施目标

本技术针对我国大麦产区及西藏和四省藏区推广应用的青稞高产栽培技术——大麦青稞立体匀播栽培技术，充分利用土壤空间，增加大麦青稞田间通透性，有利于大麦青稞生长期的管理，提高产量，是一种高效机械化作业技术。该栽培技术就是把普通的大麦青稞宽幅播种苗幅宽度再增加，一般苗幅宽度140 ~ 200厘米，要求所播的种子在播幅间尽可能均匀分布，理想情况是种床上种子相邻间距5 ~ 6.5厘米，防止种子局部集聚，充分利用土壤空间；种子覆土厚度均匀，播深一致性好，有利于种子发芽生长，实现大麦青稞的增产增收。

（二）技术要点

大麦青稞机械化立体匀播技术可采用以下两种作业路线。

1. 大麦青稞专用立体匀播作业技术

该技术是选用专用的匀播机进行大麦青稞的匀播作业，该技术来源于小麦高产栽培技术——立体匀播技术，由中国农业科学院作物科学研究所赵广才研究员提出。该技术的核心是保证播种后的种子在播幅内，播深一致，横向空间距离均匀，防止局部集聚。在已耕地或未耕地上作业，先旋耕碎土整地，部分旋耕后的碎土由输送带从上部输送到后部，作为种子覆土的来源；耕后的地表，由镇压辊平土镇压，为播种创造良好种床，均匀撒播的种子掉落地表，再由上部输送的碎土覆盖，最后经镇压辊镇压。一般播深一致，3 ~ 5厘米。播幅按照农艺要求在150 ~ 200厘米选择。理论的种子横向空间距离在5 ~ 6.5厘米。播幅之间留空行作为管理用走道，宽度一般在40厘米左右。一般播量比当地正常条播大2.5 ~ 5千克/亩。

2. 大麦青稞旋耕施肥匀播作业技术

该技术可通过对西安亚澳农机股份有限公司的旋耕施肥宽幅播种机具的简单改制实现。改制的方法是先根据农艺要求的播幅确定改制的机具，再把机具上的宽幅播种器按照顺序紧密排列，按照每个宽幅播种器的播幅为12厘米，计算需要宽幅播种器的数量；机具的常规外槽轮排种器改用双排外槽轮排种器；该机具播种后种子覆土由土壤旋耕后抛的碎土完成，旋耕的抛土量和抛土位置可以通过调节拖板高度控制。种子覆土后由整体式滚筒镇压辊镇压。机具的播量大小可按照农艺要求调节；如果需要播种时施肥，可以采用前置耕层施肥方式（作业时，先把肥料均匀撒到旋耕刀轴前，依靠土壤旋耕作业，把肥料均匀混合到耕层中）。

（三）推荐机具

1. 小麦联合立体匀播机

中国农业科学院作物科学研究所主持研发的小麦联合立体匀播机集施肥、旋耕、镇压、播种、覆土、二次镇压于一体，是小麦增产模式的技术突破，该机具也可以用于大麦、青稞的播种作业（图3-1）。

图3-1　小麦联合立体匀播机
（中国农业科学院作物科学研究所）

2. YB-200型匀播机

临沭县瑞祥机械制造有限公司研制的YB-200型匀播机是利用作业幅宽170 ~ 220厘米的旋耕施肥播种机进行技术改进而成的。宽幅播种器成排布置，采用双排槽轮排种器，均可简单改制。适用播幅150 ~ 200厘米，满足不同播幅的农艺要求。该机具可用于小麦、大麦和青稞播种作业（图3-2）。

图3-2　YB-200型匀播机

YB-200型匀播机的技术参数见表3-1。

表3-1　YB-200型匀播机技术参数

项　　目	规格参数
配套动力/千瓦	51.4 ~ 66.2（70 ~ 90马力）
播幅/厘米	200
施肥行数	8
施肥方式	耕层施肥
播量和施肥量	满足农艺要求
适用范围	小麦、大麦、青稞的播种作业；颗粒肥施用

四、高湿地稻茬麦智能旋耕播种开沟作业技术

（一）实施目标

本技术针对我国黄淮海地区稻茬麦播种作业时，季节性雨水多、土壤湿黏、田间稻秸秆量大等问题，为适应稻茬麦播种需要而推出。该技术可以完成稻秸秆适量还田、小麦或大麦的高质量播种、耕层施肥，并按照土壤墒情及农艺需求，选择性使用开筑灌排水沟功能，保障小麦或大麦适时播种，提高农业的抗灾能力，保障农业生产的持续健康发展。

（二）技术要点

1. 作业条件

①田间的稻秸秆量不大于600千克/亩，秸秆应切碎后还田，切碎长度≤10厘米，并抛撒均匀，留茬高度≤15厘米；田间秸秆粉碎方式优选机械化切碎。推荐在水稻收获时，同时切碎，均匀抛撒，不得有拖堆现象；最好不用一般的秸秆粉碎还田机粉碎处理秸秆，避免处理后的茎秆形成细丝缠绕刀轴，造成壅土。

②土壤绝对含水量≥35%（0 ～ 20厘米深），田面无明显积水，土壤质地为壤土、轻黏土。

③田间轮辙深度不大于20厘米。轮辙深度过大时，会影响播种质量。

④田间的稻秸秆量不大于600千克/亩，否则可能会影响播种质量。

2. 技术要求

①播种作物：小麦、大麦等谷物；播种量：10 ~ 25千克/亩；施肥量：120 ~ 900千克/公顷。

②田间播种条带宽度：按照地块划分，一般按照4.5 ~ 5米幅宽播种（以本地常用的联合收割机割幅值的整数倍确定），以纵向灌排水沟为分界。

③横向灌排水沟：梯形沟，田间播种施肥作业完成后，选用其他的圆盘式开沟机在田间离地边3 ~ 5米开横向排水沟，一般上口宽20 ~ 25厘米，底宽12 ~ 16厘米，沟深25 ~ 35厘米，横向的沟要与纵向的水沟和田边的水渠、水塘相连，修整作业后水沟，保证流水畅通，以利田间的灌排水。

④田间纵向灌排水沟：梯形沟，沟深一般20 ~ 25厘米，上口宽20 ~ 25厘米，底宽15 ~ 20厘米。

⑤播种施肥方式。播种：前轴旋耕开沟，旋耕时向两边输土，对拖拉机轮胎印痕初平整；后轴（第二轴）浅旋向两边输土，进一步平整拖拉机行走过的轮胎印痕，此时第二轴后部播种，确保种子不落到拖拉机行走过的轮胎印痕里；播种后再采用锥式驱动螺旋轴向两边输土，达到精平整拖拉机轮胎印痕和盖籽的目的，实现浅层盖籽条播，播深一般3 ~ 5厘米，在高湿地条件下，保证了种子的正常发芽率。施肥：耕层混施。

⑥播后田面要求平整、埋茬覆盖严、不漏籽。播深均匀。

⑦作业速度：机具作业速度一般2 ~ 3千米/时，作业时尽量避免在田间地头急转弯，减少机组对田间土壤的压痕和损坏。

（三）推荐的机具

1. 高湿地稻茬麦播种施肥开沟联合作业机

由农业农村部南京农业机械化研究所、江苏清淮机械有限公司联合研制的高湿地稻茬麦播种施肥开沟联合作业机，配套一般轮式拖拉机作业，可替代传统人工撒播+手扶旋耕机浅旋盖籽作业，解决高湿地条件下普通播种机组无法下地作业、作业后田间轮辙深、播种质量差等问题，满足农场、种植大户等大面积作业需要。该机具具备播种施肥与作业速度同步控制、播种/施肥量智能控制、机具提升自动停止播种施肥等功能；适用于稻麦两熟地区高湿作业条件下（田间土壤含水量不大于50%，土壤质地为轻黏土、壤土）同时进行稻秸秆的埋茬还田、大麦或小麦的旋耕播种施肥作业以及田间开沟作业。机具一次能完成土壤的耕整、碎土、根茬覆盖、播种施肥、开沟（可根据需要选择）等多项作业，作业效率高，播种质量能满足农艺要求，保证了高湿地稻茬麦能高效、高质播种，弥补国内高湿地稻茬麦机械化播种机具的不足。

高湿地稻茬麦播种施肥开沟联合作业机有两种结构形式，双轴式结构见图4-1，作业效果见图4-2；单轴式的结构见图4-3，作业效果见图4-4。

图4-1　双轴式高湿地稻茬麦播种施肥开沟联合作业机

图4-2　双轴式作业效果

图4-3　单轴式高湿地稻茬麦播种施肥开沟联合作业机

图4-4　单轴式作业效果

在高湿地条件下，一次作业完成旋耕、埋茬、均匀播种、精量施肥播种、开沟、平整轮胎印痕和地表整平。结构简易，适合高湿黏性大（田间无积水）、秸秆多的土壤条件。作业后地表平整，无明显拖拉机轮胎印痕。刀轴具有旋耕和开沟功能，后部整形器对沟体挤压成型，使沟型整齐，沟底残土少。电机转速与拖拉机作业前进速度同步，实现均匀播种。

高湿地稻茬麦播种施肥开沟联合作业机技术参数见表4-1。

表4-1 高湿地稻茬麦播种施肥开沟联合作业机技术参数

<table>
<tr><th colspan="3">项　目</th><th>双轴式</th><th>单轴式</th></tr>
<tr><td colspan="3">规格型号</td><td>2BFGKZS-16(8)(230)</td><td>2BFGKZ-16(8)(230)</td></tr>
<tr><td colspan="3">生产率/(公顷/时)</td><td colspan="2">0.32 ～ 0.81</td></tr>
<tr><td colspan="3">配套拖拉机标定功率/千瓦</td><td colspan="2">73.5 ～ 88.2</td></tr>
<tr><td colspan="3">配套拖拉机动力输出轴转速/(转/分)</td><td colspan="2">720</td></tr>
<tr><td colspan="3">作业速度/(米/秒)</td><td colspan="2">2 ～ 4</td></tr>
<tr><td rowspan="2">旋耕部分</td><td colspan="2">幅宽/厘米</td><td colspan="2">230</td></tr>
<tr><td colspan="2">耕深/厘米</td><td>一般：8 ～ 15；
浅旋：5 ～ 8</td><td>8 ～ 15</td></tr>
<tr><td rowspan="3">开沟部分</td><td colspan="2">上口宽/厘米</td><td colspan="2">18 ～ 22</td></tr>
<tr><td colspan="2">底宽/厘米</td><td colspan="2">16 ～ 20</td></tr>
<tr><td colspan="2">开沟深度/厘米</td><td colspan="2">20 ～ 25</td></tr>
<tr><td rowspan="6">条播部分</td><td colspan="2">传动方式</td><td colspan="2">电机驱动(手动调速/智能调速)</td></tr>
<tr><td colspan="2">播种深度/厘米</td><td colspan="2">2 ～ 4</td></tr>
<tr><td colspan="2">施肥形式</td><td colspan="2">耕层混合施肥</td></tr>
<tr><td rowspan="3">排种/排肥器</td><td>形式</td><td colspan="2">外槽轮式</td></tr>
<tr><td>数量/个</td><td colspan="2">16（排种器）；8（排肥器）</td></tr>
<tr><td>排量调节方式</td><td colspan="2">侧边螺纹调节+电机转速</td></tr>
</table>

（续）

项　　目	双轴式	单轴式
智能控制系统	GPS（全球定位系统）/北斗卫星导航系统测速，播种施肥量与作业速度同步、定量播种施肥及漏播自动检测报警、种肥量适时监控等自动控制系统；可视化调整，具备手动和自动两种模式	
适用范围	该产品适合高湿地旋耕埋茬、碎土、小麦播种、施肥、开沟等复式作业。也可以用于一般的稻茬小麦、大麦种植作业。适宜播麦类的种子，施颗粒状的肥料	

2. 防堵开沟机

由农业农村部南京农业机械化研究所、江苏清淮机械有限公司联合研制的防堵开沟机主要解决高湿条件下，在秸秆量大的黏性土地开沟时，开沟机前部易堵塞、抛土距离短造成无法开沟作业的问题。机具在田间含水量高且无明显的积水、配套轮式拖拉机轮胎下陷不大于10厘米时，仍能适时正常开沟作业。机具采用双圆盘刀铣削作业，作业负荷轻、功耗低；作业后沟型整齐，抛土远且均匀。既可以用于高湿地条件下开沟作业，也可以用于旱地开沟作业。机具结构见图4-5，作业后效果见图4-6。

图4-5　防堵开沟机

图4-6　防堵开沟机作业后效果

防堵开沟机的技术参数见表4-2。

表4-2　防堵开沟机技术参数

项　目		规格参数
配套动力/千瓦		58.8 ～ 73.5 (80 ～ 100马力)
抛土距离/厘米		≥150
开沟参数/厘米	上口宽	25 ～ 30
	底宽	16 ～ 20
	沟深	20 ～ 35
作业前进速度/（千米/时）		3 ～ 5

五、西藏青稞高效低损联合收割作业技术

（一）实施目标

本技术针对西藏青稞机械化联合收割存在的收割损失大、品质差，联合收割机使用效率低，部分地区将其作为移动式脱粒机使用等问题而提出，可以提高青稞机械化联合收割使用效率，减少收割损失，提升青稞品质，提高青稞机械化作业水平，为农牧民增产增收服务。

（二）技术要点

1. 适时收割

一般食用青稞到蜡熟末期，籽粒变硬后，就可进行联合收割作业，避免过早或过晚收割，以保证青稞有好的品质和产量。西藏青稞生产收获季节雨水多，气温相对较低，选择在晴天太阳升起后，青稞秸秆较干燥时收获。一般青稞成熟度达到蜡熟期，籽粒水分在20%～30%，取穗部中间的籽粒检查，当咬开籽粒，籽粒内部呈蜡状，没有乳液，可判断青稞已到蜡熟期，一般西藏青稞的蜡熟期5～7天。

据研究，对于种用青稞，应该使青稞在田间自然生长，在完熟期初期到完熟期中期收获，品质较好。

收获季节的青稞见图5-1、图5-2。

图5-1　青稞过熟有倒伏（西藏山南）

图5-2　收获季节的青稞（西藏山南）

2. 作业前试割

机手作业前，通常需要试割，以确定机具作业质量是否符合农艺要求；按照机具使用说明书推荐，选择合适的作业速度，控制好发动机的油门大小，调整好割茬高度进行试割。一般试割8～10米，观察机组作业状态、作业质量是否符合要求及发动机负荷是否适宜等。当试割符合要求时就可以正常作业。

3. 作业方式

作业前需要对机具的作业方式和作业路线进行选择，联合收割机作业方式有顺时针、逆时针和梭形（小区作业法）。作业路线选择原则为尽可能减少机具转弯空行时间，以提高作业效率。转弯时要提起割台，不能边转弯边收割，以防分禾器和行走装置压倒未收割的青稞，造成漏割损失。作业速度按照试割的质量确定，发动机油门一般选择大油门作业，保证收割质量。

4. 联合收割机的选择和调整

西藏青稞生产一般追求“粮草双丰”，青稞植株高达80 ~ 110厘米，成熟度过高易倒伏；青稞收获季节气温低、雨水多、风沙大，青稞收割时茎秆湿度大，联合收割机脱粒滚筒易堵塞。因此，选择机具要考虑对青稞秸秆湿度的适应能力，西藏海拔高，联合收割机发动机动力要大，机具调整方便。

收割倒伏的青稞，通常需要降低割茬，拨禾轮前移，拨禾轮弹齿角度垂直或后倾15° ~ 30°，尽可能沿倒伏方向收割，降低作业速度，尽量匀速作业，卸粮或处理其他事宜需要停止前进时，应及时提起割台。

收割过熟青稞时，应注意降低割茬，减小拨禾轮的速度，其余同收割倒伏青稞的方法。

机具收到地头时，不应立即减油门，应保持大油门工作，使得已收割的青稞完成脱粒、清选等作业。

（三）推荐机具

推荐选择大型企业的谷物联合收割机产品，如中收、雷沃、JOHN DEERE等生产的喂入量5 ~ 8千克/秒的谷物联合收割机。

秸秆捡拾打捆机同样要考虑适应性，要使草捆装卸方便，方捆或圆捆均可。西藏使用的青稞联合收割机具见图5-3、图5-4、图5-5。秸秆捡拾打捆机见图5-6。

图5-3　雷沃谷物联合收割机

图5-4　中收谷物联合收割机

图5-5　作业中的雷沃机具
（配置秸秆打捆机、脱粒颖壳收集装置）

图5-6　秸秆捡拾打捆机

六、西藏青稞高效深翻耕除草作业技术

（一）实施目标

本技术针对西藏青稞生产全程机械化中土壤耕整环节，适应青稞高产栽培技术需要，青稞播种前对土壤进行深耕松土、集堉灭草，减少农药使用，用机械化方式推广应用传统的“京玛蘖”“扎纽”灭草技术；加强农机农艺结合，做到土壤深翻作业机具选型科学、动力配套合理、作业时机适时，确保其作业质量符合农艺要求，实现青稞机械化深翻作业的高效、安全，促进青稞机械化生产水平的提高。

（二）技术要点

西藏河谷产区一般在3月下旬至4月中旬（做“京玛蘖”“扎纽”灭草地块可再提早1周），引水透灌，施肥后用中大型拖拉机深翻22 ～ 25厘米，随犁可喷药进行土壤处理，灭除杂草、防治地下害虫，经浅层旋耕10 ～ 12厘米、耙耕，细碎表层土壤，镇压后待播。

拖拉机选择配套发动机动力在73.5千瓦（100马力）以上的，发动机须有涡轮增压。一般选四驱拖拉机，其型号数字末位为“4”，型号数字前面为发动机功率，如东方红-1004，发动机标定功率为100马力（73.5千瓦），四轮驱动；在松软、湿滑田间作业时能发挥其牵引力。

深翻耕机具选铧式犁，最好为液压翻转铧式犁，耕后田块中间不会留下犁沟或犁埂，耕后地表平整；犁体选镜面犁，一般单铧犁幅宽30厘米或35厘米。按照机具选用经验，如果田间石头少，土壤较湿黏，可以选择犁体为栅条犁（图6-1），犁壁局部磨损后可以有针对性地更换，不必像镜面犁体（图6-2）全部更换，可以降低使用成本。

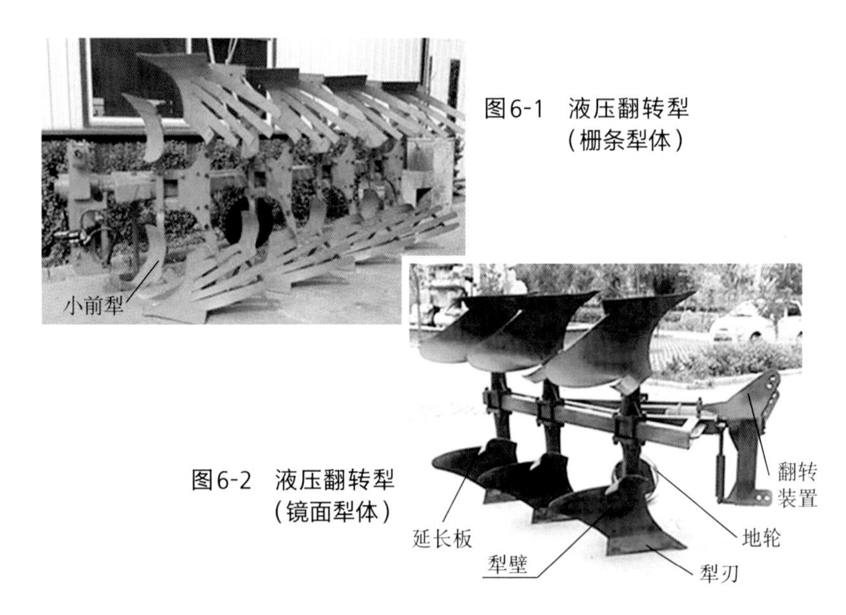

图6-1　液压翻转犁（栅条犁体）

图6-2　液压翻转犁（镜面犁体）

1. 作业速度

一般铧式犁作业速度为4 ~ 6千米/时；实际作业速度可以通过正式试耕确定。

2. 作业方式

一般铧式犁为偏悬挂，普通的铧式犁可选择内翻法（向田块中间翻垡）和外翻法（向田块侧边翻垡）；当田块比较大时，可以采用小区耕作法、套耕法等，以减少机具转弯空行时间，提高作业效率。

液压翻转犁采用梭形耕作法（由一侧开始来回作业，向一边翻垡），耕后田面中间不留犁沟，耕后地表平整。

3. 机具调整

铧式犁耕前需要进行试耕，对犁架的横向水平、纵向水平、耕深、第一铧配置等进行调整。具体的方法可以参照机具的说明书。

注意：大部分铧式犁第二行程作业时，拖拉机的驱动轮均走在前部的犁沟中，即“岸下犁”；调整犁架水平均是在第二行程进行。

液压翻转犁试耕前，重点检查翻转机构的工作情况，检查翻转是否灵活，有无卡滞、不到位等情况。

（三）推荐机具

推荐选择镜面犁或栅条犁，具有液压翻转功能、翻土性能好的；选择1LF8-430、435、530、535等型号的；由于西藏土壤大部为沙性土壤，田间石块比较多，犁铧选择耐磨性好的，如选择硼钢材质的，或选择用耐磨材料喷涂处理的。

选择大型企业、售后服务完备的企业的产品，如东方红、雷沃、雷肯等的产品。图6-3为雷沃1LF8-550。

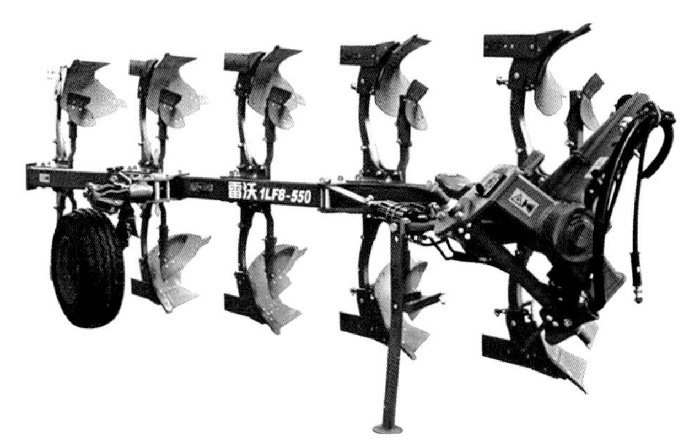

图6-3　雷沃1LF8-550

雷沃1LF8-550具有以下几个特点。

①采用优质的材料和先进的金属加工工艺，还有独特的人性化设计，使它拥有重量轻、入土快、通过性好、使用保养方便等特点。

②犁铲经过多道调质，并有独特的安装定位台肩设计，会使与之结合的所有犁体部件结构紧凑、稳固。

③雷肯专利奥普快克调整装置通过调节内丝杠来无极适应拖拉机轮距，无须限制拖拉机轮距，并能使拖拉机与犁的牵引力保持在一条牵引线上，力学分配能使拖拉机在最轻负荷下发挥最大效益。

④在犁翻转时，限深轮架体由链条制动，化解了翻转时的冲击载荷。

⑤不需要工具便可调节和拆副犁。

⑥剪切螺栓被切断，单个犁体被抬起，更换剪切螺栓轻松，一个人就能完成；犁尖锋利并直接入土，最大特点是铧土阻力轻，犁尖经过加硬处理，高度难磨。

雷沃1LF8-550的技术参数见表6-1。

表6-1　雷沃1LF8-550技术参数

项　目	规格参数
配套动力/千瓦	≥105
犁体形式	B35
耕幅/米	1.65～2.6（可调）
单铧工作幅宽/厘米	33/38/44/50（可调）
犁体数	（4+1）×2
耕深/厘米	18～35
犁体间距/厘米	100

七、西藏青稞高效深松保墒作业技术

（一）实施目标

本技术针对西藏青稞生产全程机械化中土壤耕整环节，适应青稞高产栽培技术需要，采用土壤局部深层松土，打破土壤犁底层，增加土壤有效耕层，提高土壤蓄水保墒能力，改善土壤的结构，促进作物的生长。做到深松作业机具选型科学、动力配套合理、作业时机适时，确保其作业质量符合农艺要求，实现青稞机械化深松作业的高效、安全，促进青稞机械化生产水平的提高。

（二）技术要点

西藏河谷产区一般秋季进行土壤的深松作业，在土壤上冻前进行，一般单独深松作业，其深松深度30 ～ 35厘米。凿型铲单铲宽度不小于40毫米，翼铲宽度120 ～ 180毫米，凿铲间距50 ～ 70厘米，一般取60厘米。

按照农艺要求的作业深度考虑，一般西藏地区深松深度要求：单一深松不小于30厘米，深松联合作业不小于25厘米。按照每只凿型铲（带翼）配套动力18.38 ～ 22.05千瓦（25 ～ 30马力），一般弯腿式深松铲功耗较凿型铲3.68千瓦（5马力）左右。作业中的深松机见图7-1。

图7-1　作业中深松机

1. 拖拉机和机具选择

拖拉机选择配套发动机动力在73.5千瓦（100马力）以上，发动机须有涡轮增压，一般选四驱拖拉机；拖拉机型号数字末位为“4”，型号数字前面为发动机功率，如东方红-1004，发动机标定功率为100马力（73.5千瓦），四轮驱动；在松软、湿滑田间作业时能发挥其牵引力。

深松机具选凿型铲深松机（带翼）、弯腿式深松铲深松机，带镇压用轧辊，推荐用表面带短齿或凸筋光辊，减少表土疏松，预防风蚀。

2. 机具的使用

①作业速度选择。一般深松机作业速度为2～5千米/时；作业中应保持匀速直线行驶。实际作业速度可以通过试耕确定。

②作业方式。一般深松机为正悬挂，选择小区耕作法、套耕法等；以减少机具转弯空行时间，提高作业效率。

注意：作业中，要尽可能保证深松间隔距离一致。作业时应随时检查作业情况，发现有杂物堵塞、拖堆应及时清理。作业时应不重松、不漏松、不拖堆。

③机具调整。深松铲正式作业前需要进行试耕，对机架横向水平、纵向水平、深松耕深等进行调整。具体的方法可以参考各机具的说明书。

试耕主要检查深松深度，观察机具机架是否水平，限深是否有效，拖拉机负荷是否适宜等。

检查深松作业质量时，主要检查深松深度、深松间隔、深松后地表的墒沟弥合情况等。

注意：以凿型铲来说，田间判断深松深度的简易方法是用钢板尺直接插入深松沟，根据经验判断到底与否，在钢板尺到耕后地表的位置读数；而曲面铲深松机作业后检查深度比较麻烦，正规检测需要扒开地表土壤到深松沟底进行测量，简易的方法是在作业时检查机架与地面的距离，判断深度。

国家对深松作业进行补贴时，一般要求深松机具配置实时的深松作业监控仪器，可实时监控、测定机具的深松深度、作业面积等，记录机具的作业路线。

（三）推荐机具

推荐选择大型企业生产，售后服务完备的产品。深松机的选择要考虑当地的农艺要求，符合国家作业补贴的产品规定。由于西藏土壤大部为沙性土壤，田间石块比较多，深松铲和机架强度要好，铲点、铲作用面耐磨，如硼钢制成的，或经喷涂耐磨材料处理的。

选择大型企业生产的、售后服务完备的产品，如大华、中机美诺、雷肯等的产品。弯腿铲深松机（带轧辊）见图7-2，弯腿铲深松联合作业机（带轧辊）见图7-3，凿型铲（带翼铲）深松机见图7-4，凿型铲（带翼铲）深松机（带轧辊）见图7-5。

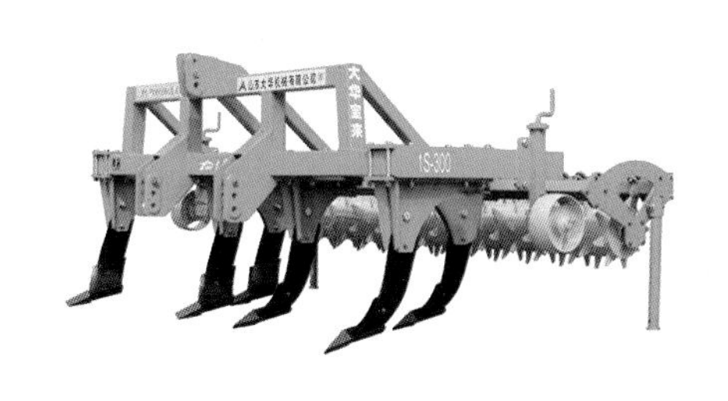

图7-2　弯腿铲深松机（带轧辊）

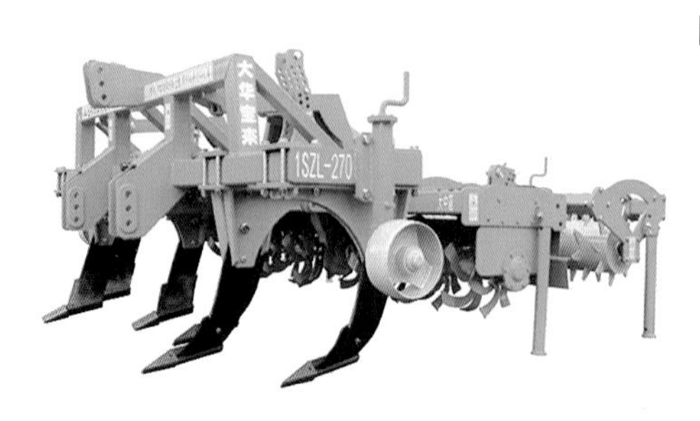

图7-3 弯腿铲深松联合作业机（带轧辊）

图7-4 凿型铲（带翼铲）深松机

图7-5 凿型铲（带翼铲）深松机（带轧辊）

山东大华系列深松整地联合作业机属于全方位式具备复式作业功能的深松整地机具，采用纯进口高强度硼钢材质的独特的弧面倒梯形深松铲，可扩大对土壤的耕作范围，配套多款系列旋耕机和多种形式的镇压辊，可一次性完成深松、旋耕、碎土、镇压等多道工序，整地效果好并达到待播状态。

①作业质量高。深松铲采用特种弧面倒梯形设计，作业时不打乱土层、不翻土，实现全方位深松，形成贯通作业行的“鼠道”，松后地表平整，更利于旋耕整地作业，经过重型镇压辊镇压，提高保墒效果和播种质量。

②适应性强。采用可调行距的框架结构和高隙加强铲座，适用于不同质地及有大量秸秆覆盖的土壤，避免堵塞，保证机具通过性。根据配套动力还可选择大、小两种深松铲，适宜深松深度为25 ~ 50厘米，极限深度达到60厘米。深松与旋耕整地工作深度可独立调节，也可更换免耕播种、起垄等机具进行深松联合作业，减少机组进地次数。

③使用收益高。配备进口深松铲，具有高强度和超耐磨性，比传统部件使用寿命提高3 ~ 4倍，并利用保险螺栓进行过载保护。旋耕机采用大中箱或大高箱球铁箱体，配备了十模数齿轮和高端旋耕刀具。重型镇压辊与新式可调式刮泥板组合，保证了镇压质量，还起到承重作用，提高作业效率。

大华宝来1SZL-270深松整地联合作业机技术参数见表7-1。

表7-1 大华宝来1SZL-270深松整地联合作业机技术参数

项　目	规格参数
配套动力/千瓦	102.9 ~ 121.3（≥140马力）
作业幅宽/厘米	270
深松铲结构形式	弯腿式（弧面倒梯形铲，高强度硼钢弯曲式）
工作铲数	6
铲间距/厘米	45
深松深度/厘米	25 ~ 40(小铲)；25 ~ 50(大铲)
整地深度/厘米	8 ~ 18
生产率/（公顷/时）	1.33 ~ 1.87

八、西藏青稞高效收割打捆作业技术

（一）实施目标

本技术针对西藏丘陵山地、梯田、小块地青稞收获，并考虑到西藏部分地区青稞传统收获或青稞育种、扩繁等试验研究需要而提出。一般此类田块机耕道小或没有机耕道，大型联合收割机无法下地作业，青稞收获需要采用分段收获方式：青稞采用专用的割晒打捆机进行收割打捆后，堆放在田间或场地上晾晒，最后用脱粒机或联合收割机进行脱粒作业。该技术把青稞割晒与打捆结合在一起，提高青稞收割作业效率，减轻劳动强度。可以有效利用青稞后熟作用，提升青稞品质，提高青稞机械化作业水平，为农牧民增产增收服务。

（二）技术要点

该技术要求青稞没有倒伏，或倒伏不大于40°，青稞的自然高度符合机具的作业高度，一般为60～100厘米。西藏青稞收获季节雨水多，气温相对较低，也需考虑适时收割。到蜡熟期的青稞就可进行割晒打捆作业。一般青稞成熟度达到蜡熟期时籽粒水分含量在20%～30%，取穗部中间的籽粒检查，当咬开籽粒，籽粒内部呈蜡状，没有乳液，判断青稞已到蜡熟期，一般西藏青稞的蜡熟期5～7天。收割后青稞在田间经适当晾晒，使得青稞有时间后熟。应避免过早或过晚收割，以保证青稞有好的品质和产量。

1. 作业前试割

机手作业前，通常需要试割，以确定机具作业质量是否符合农艺要求；按照机具使用说明书，选择合适的作业速度，控制好发动机的油门大小，调整控制割茬高度进行试割。一般试割8～10米，观察机组作业状态，主要是打捆质量是否符合要求、发动机负荷是否适宜等。当试割符合要求时就可以正常作业。

2. 作业方式

机具作业前需要对作业方式和作业路线进行选择，割晒打捆作业一般选择顺时针作业路线；除乘坐式割晒打捆机外，割捆作业后收割的青稞摆放在机具的左侧，一般作业第一个圈，需要考虑收割作物摆放的影响，必要时，需要有人辅助摆放，以减少收割损失。作业路线选择原则是尽可能减少机具转弯空行时间，以提高作业效率。

（三）推荐机具

选择手扶自走式割晒打捆机、乘坐式割晒打捆机、小四轮拖拉机配套割晒打捆机等。机具的作业幅宽大于配套机具的最大宽度（包括轮辙宽度），以防止作业时压倒未收割的作物，影响收割质量。

1. 4K-90型割晒打捆机

盐城市新明悦机械制造有限公司生产的4K-90型割晒打捆机结构见图8-1，青稞收获作业见图8-2。

图8-1　4K-90型割晒打捆机

图8-2　西藏收获青稞作业

4K-90型割晒打捆机的技术参数见表8-1。

表8-1　4K-90型割晒打捆机技术参数

项　　目	规格参数
配套动力	5.88千瓦（8马力）柴油机
割幅/厘米	90
行走方式	轮式
铺放方式	侧边摆放
适用范围	小麦、大麦、青稞收割打捆作业

2.4K-150型割捆机

潍坊圣川机械有限公司生产的4K-150型割捆机结构见图8-3，小麦、青稞收获作业见图8-4、图8-5。

图8-3 4K-150型割捆机

图8-4 收获小麦作业

图8-5 收获青稞作业

表8-2　4K-150型割捆机技术参数

项　　目	规格参数
配套动力	192F风冷式柴油机，7.7千瓦
结构形式	乘坐式
启动方式	电启动
割幅/厘米	150
铺放方式	中间铺放
适用范围	青稞、小麦等收割打捆作业

3.4K-50型割捆机

潍坊圣川机械有限公司生产的4K-50型割捆机结构见图8-6，青稞收获作业见图8-7。

图8-6　4K-50型割捆机

图8-7　收获青稞作业

4K-50型割捆机的技术参数见表8-3。

表8-3　4K-50型割捆机技术参数

项　　目	规格参数
配套动力	5.88千瓦（8马力）柴油机
启动方式	电启动
割幅/厘米	50
铺放方式	侧边摆放
适用范围	青稞、小麦等收割打捆作业

九、丘陵山区大麦青稞高效遥控耕整作业技术

（一）实施目标

本技术针对丘陵山区、小块地、林下大麦青稞种植生产中土壤耕整作业需要，考虑到科研育种、设施农业、果园茶园等土壤旋耕碎土整地、开沟和起垄等作业需要提出。该技术把履带自走与遥控技术有机结合，以系列化、多品种机具满足旱地、高湿地（包括水田）作业需要，以提升我国丘陵山区、高寒藏区等坡耕地、梯田、设施农业机械化耕整作业水平，以及科研育种、林果业等机械化耕作技术水平。

（二）技术要点

该技术旱地作业条件：土壤含水量15%～25%，土壤质地为轻黏土、壤土、沙壤土；田间留茬高度少，地表平整；适应于低矮的果树下、窄小的树行间、设施大棚中进行旋耕、开沟和起垄作业；采用了遥控、超距安全控制、可视化控制等技术，确保作业安全。旋耕深度10～12厘米，开沟参数可定制，起垄参数可定制，按照农艺要求进行调整；机具的作业速度按照作业负荷程度选择，负荷大、选低速，负荷小、选高速；机具的遥控功能有距离限制，一般控制在30米以内。旋耕作业幅宽有120厘米、140厘米，配套发动机为14.70千瓦（20马力）、23.52千瓦（32马力）风冷柴油机。

适应高湿地、水田作业的机具采用高地隙底盘、静液压驱动、全遥控等技术，适应性更强。

（三）推荐机具

推荐机具为浙江勇力机械有限公司与农业农村部南京农业机械化研究所合作研制的1GYZL-120、1GYZL-140遥控履带自走式耕整作业机。机具的结构见图9-1、图9-2。

图9-1　1GYZL-120遥控履带自走式耕整作业机

图9-2　1GYZL-140遥控履带自走式耕整作业机

1GYZL-120遥控履带自走式耕整作业机具备遥控自走式动力底盘，超遥控距离时具有光、电等信号的安全警示；配套发动机：柴油机［14.7千瓦（20马力）］，符合GB 20891—2014《非道路移动机械用柴油机排气污染物排放限值及测量方法（中国第三、四阶段）》中第三阶段要求；旋耕幅宽120厘米；具备旋耕、起垄、开沟、开沟施肥、犁耕、深松等功能。

1GYZL-140遥控履带自走式耕整作业机具备全遥控液压自走式动力底盘，超遥控距离时具有光、电等信号的安全警示，具有机具作业状态控制系统；遥控功能有机具前进、后退、作业速度、转向、机具升降、作业状态等；配套发动机：柴油机［23.52千瓦（32马力）］，符合GB 20891—2014中第三阶段要求；旋耕幅宽140厘米；具备旋耕、起垄、开沟、开沟施肥、犁耕、深松等功能。

1GYZL-140进行旋耕作业见图9-3、1GYZL-120起垄作业见图9-4、两种机具开沟作业见图9-5、两种机具设施大棚中开沟作业见图9-6、1GYZL-140水田旋耕作业见图9-7。

图9-3　1GYZL-140旋耕作业

图9-4　1GYZL-120起垄作业

图9-5　两种机具开沟作业

图9-6　两种机具设施大棚中开沟作业

图9-7　1GYZL-140水田旋耕作业

十、稻秸秆轻简化机械埋茬还田及大麦施肥播种复式作业技术

（一）实施目标

本技术针对我国江苏、安徽、上海、浙江等省份稻麦两熟地区稻秸秆适量还田及稻茬麦高效精量播种要求提出，以代替传统的犁耕翻埋秸秆+土壤浅旋耕整作业+施肥播种，或反旋埋茬+施肥播种的分段作业模式，机具一次就能完成稻秸秆适量覆盖还田、土壤耕整、施肥播种、覆土镇压等多项作业，提高作业效率，减少投入，促进农民增产增收。

（二）技术要点

该技术的关键是选择反转灭茬旋耕施肥播种机，适应的条件为：土壤含水量15%～25%，土壤质地为轻黏土、壤土、沙壤土，水稻收获后，田间留茬高度在12厘米左右，最大不超过15厘米。联合收获脱粒后茎秆必须粉碎或切碎，粉碎长度不大于12厘米，茎秆在田间抛撒均匀，没有拖堆现象；田面平整，田间作业时留下轮辙深度不大于10厘米，如轮辙太深，会影响耕整作业深度稳定性，从而影响秸秆的覆盖效果。

播深3～5厘米，播种行距15～18厘米（可调），播种量8～20千克/亩；施肥量为10～40千克/亩；秸秆埋茬深，土壤10厘米深范围内秸秆量少，不影响种子出苗；采用耕层施肥方式，施肥播种驱动方式可选用镇压辊驱动或调速电机同步驱动。

机具作业的参数控制：旋耕深度一般不小于12厘米，刀轴转速控制在220 ~ 250转/分，机组作业速度一般2 ~ 3.5千米/时，作业时根据田间土壤的松紧程度和拖拉机负荷大小选择作业速度。配套旋耕刀采用直角刀，提高埋茬效果。机具田间作业路线根据田块大小确定，以减少机组空行转弯为准，通常采用小区套耕（播）法。

（三）推荐机具

推荐机具为反转灭茬旋耕施肥播种机系列产品，由江苏清淮机械有限公司生产。该机具把反转灭茬旋耕与施肥播种有机结合，一次完成秸秆全量还田、土壤耕整、施肥播种、覆土镇压等多项作业，效率高，埋茬好（90%以上），是稻麦两熟地区优选的秸秆还田高效施肥播种机具。该机具一般施肥播种选择镇压辊驱动，还可采用调速电机驱动，增加了施肥播种智能控制系统，实现了施肥播种与作业速度同步，提高了施肥播种质量。机具结构见图10-1，稻茬地埋茬播种作业见图10-2。

图10-1　反转灭茬旋耕施肥播种机

图10-2 稻茬地埋茬播种作业

机具的技术参数见表10-1。

表10-1 反转灭茬旋耕施肥播种机3种型号技术参数

项　目	2BFGM-12(6)(180)	2BFGM-14(8)(200)	2BFGM-16(8)(230)
作业幅宽/厘米	180	200	230
旋耕深度/厘米		8 ~ 16	
播种深度/厘米		2 ~ 5	
施肥方式		耕层混合施肥	
排种/排肥器形式		外槽轮式	
排种/排肥调节方式		侧边螺旋调节	
播种行数	12	14	16
施肥行数	6	8	8
播种行距/厘米		14（可调）	
播种施肥驱动方式		镇压辊链传动	
旋耕部分传动方式		侧边齿轮传动	
旋耕刀形式		IT245、专用直角刀等	
适用范围		主要用于稻板田的旋耕施肥播种作业，适用于小麦、大麦等播种和颗粒肥施用	

十一、大麦机械化生产高效精整地联合作业技术

（一）实施目标

本技术针对河南、安徽等地区，在干旱少雨情况下，土壤耕翻后容易板结成块，形成的土垡非常坚硬，难以进行碎土整地作业，普通的耕整机具需要多次作业才能达到种植要求，生产率低，缺乏高效的土壤耕整机具及耕整地联合作业机等问题而提出。该技术采用双轴正反向高效旋耕作业技术，创新推出双轴式精整地联合作业机。该机具作业后可以为后续的大麦、小麦种植创造适宜的土壤条件：表层土壤细碎，有利于种子的发芽；下层土壤土块较大，可增加土壤的通透性，有利于土壤蓄水保墒，满足区域砂姜黑土等特殊土壤条件下机械化种植时高效耕整作业要求。

（二）技术要点

该技术适用于特硬土壤耕整地作业，也可以用于瓜果、蔬菜地精整作业。机具适应的条件为：土壤含水量15%～25%，土壤质地为壤土、黏壤土；在玉米茬地或田间经犁翻耕后，地表比较平整，田间没有较大的垄沟，不影响机具正常作业。

作业深度：旋耕12～14厘米，碎土6～10厘米(浮土)。作业速度2～3.5千米/时，拖拉机动力输出轴转速一般选540转/分，作业速度选较小值；土壤比较疏松可选720转/分，作业速度可选较大值。田间作业路线根据田块大小确定，以减少机组空行转弯

为准，一般采用小区套耕法。

（三）推荐机具

推荐机具为1GZMN-230双轴精整地联合作业机，该机具由农业农村部南京农业机械化研究所与江苏清淮机械有限公司合作研制。机具结构见图11-1，机具作业见图11-2、图11-3。整机采用前部旋耕正转，后部碎土反转，结构新颖；表层碎土采用摆动锤爪，碎土能力强；也可选用三角齿，应用于比较疏松的土壤；碎土锤爪采用对称螺旋排列，受力均匀，冲击小。

图11-1　1GZMN-230双轴精整地联合作业机

图11-2　犁翻地耕整作业

图11-3　玉米茬地耕整作业

1GZMN-230双轴精整地联合作业机的技术参数见表11-1。

表11-1 1GZMN-230双轴精整地联合作业机技术参数

项 目	规格参数
配套动力/千瓦	73.5 ~ 102.9（100 ~ 140马力）
旋耕深度/厘米	12 ~ 16
碎土深度/厘米	5 ~ 10
耕幅/厘米	230
拖拉机动力输出轴转速/（转/分）	540/720
旋耕刀轴转速/（转/分）	235/266
锤爪(碎土)轴转速/（转/分）	470/510
作业速度/（千米/时）	1 ~ 3
生产率/（公顷/时）	0.2 ~ 0.53

十二、大麦机械化生产高效秸秆粉碎还田旋耕联合作业技术

（一）实施目标

本技术针对玉米—大麦（或小麦）两熟地区，玉米秸秆粉碎后抛撒到田间，再犁耕覆盖还田或旋耕还田存在的工序多、投入大、作业效率低等问题而提出；该技术把秸秆粉碎还田作业与旋耕碎土整地、秸秆覆盖有机结合，创新推出秸秆粉碎还田旋耕联合作业技术。机具一次作业可完成玉米秸秆的粉碎、土壤的耕整、粉碎秸秆的覆盖还田等作业，效率高，作业质量完全满足后续大麦或小麦的播种作业要求，可减少投入，提高种植效益。

（二）技术要点

该技术适用于玉米收获后秸秆直立或铺放于田间，需要直接进行粉碎还田和土壤耕整作业的地区，也可以用于棉花秆地、油菜高留茬地及麦茬地作业。机具适应的条件：土壤含水量15%～23%，土壤质地为壤土、沙壤土；玉米地最好为平作，垄作情况下，要求垄不得高于20厘米，顺垄向作业，过高容易影响旋耕作业质量；一般要求地表比较平整，田间没有较大的垄沟，不影响机具正常作业。

机具作业的参数控制：秸秆粉碎刀具选组合式甩刀，粉碎秸秆长度8～10厘米；留茬高度不大于5厘米，旋耕作业深度12～14厘米；作业速度2～3.5千米/时；机具配前置限深轮或其

他限深装置，避免粉碎刀轴打土而引起机具损坏。

田间作业路线根据田块大小确定。以减少机组空行转弯为准，一般采用小区套耕法。

（三）推荐机具

1.1JHG-150秸秆粉碎旋耕还田机

江苏清淮机械有限公司生产的1JHG-150秸秆粉碎旋耕还田机结构见图12-1，机具作业见图12-2、图12-3。

图12-1　1JHG-150秸秆粉碎旋耕还田机

图12-2　麦茬地粉碎旋耕作业

图12-3　玉米秸秆地粉碎旋耕作业

1JHG-150秸秆粉碎旋耕还田机对秸秆粉碎后同时旋耕覆盖还田，同时进行土壤耕整作业，作业效率高，降低了作业成本。

其具体技术参数见表12-1。

表12-1　1JHG-150秸秆粉碎旋耕还田机技术参数

项　目	规格参数
配套动力/千瓦	51.7 ~ 66.2（70 ~ 90马力）
粉碎长度/厘米	≤8
旋耕深度/厘米	12 ~ 15
作业幅宽/厘米	150
作业速度/（千米/时）	2 ~ 4
适用范围	玉米、棉花、油菜、稻麦等秸秆粉碎旋耕覆盖还田和土壤耕作

2.1JHG-200秸秆粉碎旋耕联合作业机

由农业农村部南京农业机械化研究所与连云港市东堡旋耕机械有限公司联合研制的1JHG-200秸秆粉碎旋耕联合作业机结构见图12-4，机具作业见图12-5。本机具适合大功率拖拉机的作业，并充分发挥大功率拖拉机的动力，一次作业可同时完成秸秆粉碎覆盖还田和土地旋耕作业。

适用于玉米、大麦、小麦、水稻、大豆、棉花等农作物秸秆地的秸秆粉碎作业、土壤旋耕和秸秆覆盖作业，作业后的整地、秸秆还田质量完全满足后续的大麦、小麦等条播作业要求；也能满足水稻直播和玉米、大豆播种等要求。

图12-4　1JHG-200秸秆粉碎旋耕联合作业机

图12-5　玉米秸秆地粉碎旋耕作业

1JHG-200秸秆粉碎旋耕联合作业机的技术参数见表12-2。

表12-2 1JHG-200秸秆粉碎旋耕联合作业机技术参数

项　目	规格参数
配套动力/千瓦	88.2 ~ 110.2（120 ~ 150马力）
粉碎长度/厘米	≤10
旋耕深度/厘米	12 ~ 15
作业幅宽/厘米	200
作业速度/（千米/时）	2 ~ 4
适用范围	玉米、棉花、油菜、稻麦等秸秆粉碎旋耕覆盖还田和土壤耕作

附录一　2019年青稞生产技术指导意见

农业农村部小宗粮豆专家指导组
全国农业技术推广服务中心

（2019年3月28日）

根据地理环境和生态条件，青稞种植区域可分为河谷盆地台地、草原沟坡雨养旱地、高寒偏草甸农牧过渡带和海拔相对较低的偏湿温农林交错带等。前两个产区为传统主产区，生产比较稳定，后两个产区因地处偏远、交通不便，生产比重较小。

1. 河谷盆地台地产区

本区主要包括藏南“一江两河”中部和藏东“三江”流域河谷，青海海南台地旱作及非饱灌区和青海海西柴达木盆地灌区，四川雅砻江流域甘孜、新龙等产区，西藏海拔高度3 000 ～ 4 000米区域，周边省份海拔高度2 000 ～ 3 000米区域。本区地势平坦，日照长、辐射强，降水量少、蒸发量大，生产技术成熟、单产水平较高，但连作障碍严重。

（1）因地制宜，选择良种。根据各地生态条件和生产水平，科学选用良种，避免未经试验的跨区引种。

（2）合理轮作，恢复地力。本区青稞种植比重约占农作物种植面积的2/3以上，长期连作导致品种混杂、退化快，杂草病害频发，土壤结构与养分状况恶化。应提高青稞与油菜、蚕豆、豌豆、马铃薯等作物轮作比重，积极恢复青稞和豆类等混播面积，逐步推行“豆类、薯类、油菜等—青稞”两年轮作制，实现科学轮作，恢复地力。

（3）集墒灭草，精细整地。播前深耕透灌、集墒灭草。播前2周左右，西藏河谷产区在3月下旬至4月中旬（做“京玛蘖”“扎纽”灭草地块可再提早1周），青海海西、海南在3月中下旬引水透灌。施肥后，中大型拖拉机深耕25厘米，随犁喷药进行土壤处理，灭除杂草、防治地下害虫，耙耱粉碎坷垃，压墒待播。

（4）科学配方，足施底肥。按照“重基少追”原则，提倡一次性足施、深施底肥。基肥在耕前深施，除亩施普通农家肥1 000千克以上或纯羊粪600 ~ 800千克外，西藏河谷农区亩施“专供复混肥”30千克或施磷酸二铵与尿素各12 ~ 15千克，青海海南台地旱作及非饱灌区和海西盆地灌区亩施磷酸二铵15 ~ 25千克、尿素5 ~ 10千克。有条件的可减少磷酸二铵、尿素施用量，增加青稞专用肥用量。种肥在播种时每亩随种子施尿素2 ~ 3千克。为防倒伏，西藏河谷产区也可按现行习惯每亩预留尿素5 ~ 6千克、硫酸钾2 ~ 3千克，在分蘖抽穗期酌情追施；青海海西、海南苗期每亩追施尿素5千克左右。

（5）种子包衣，合理密植。种子精选后，选用适宜种衣剂进行机械包衣或人工拌种。按每亩基本苗20万 ~ 22万株（西藏河谷）或20万 ~ 24万株（海西南盆地）的要求，西藏河谷产区亩播种量14 ~ 15千克，海西南盆地产区亩播种量18 ~ 20千克，全部采用机械播种。

（6）适期播种，力争全苗。西藏“三江流域”和“一江两河中部流域”东部的山南雅鲁藏布江沿岸等海拔3 600米以下产区和青海海南台地海拔2 500 ~ 3 000米产区，在3月下旬至4月上旬播种；西藏“一江两河中部流域”中部的拉萨河谷海拔3 550 ~ 3 900米产区、青海海西、甘孜河谷等，在4月中下旬到五月上旬播种；西藏年楚河谷与雅鲁藏布江沿岸等3 800米以上产区，在5月上中旬播种。土壤墒情不足（田间土壤含水量低于17%）时，应先灌后播，宁晚勿旱。适播期内采用机械播种并加施种肥，播种深度3 ~ 5厘米，田边地头不漏播，播后及时耙耱镇压。出苗后及时查苗，发现缺苗断垄及时补种，并酌情（1叶1心后）灌溉促（出）苗，确保苗全苗齐。

（7）科学灌溉，合理追肥。青稞全生育期正常灌水3～4次。西藏各河谷产区一般在3～4叶期灌头水，5叶后期至拔节前后灌二水，孕穗抽穗期灌三水，灌浆初期灌四水。降雨较多年份或地势低洼易积水田块，可酌情灌一水，并可免浇灌浆水，以防倒伏。西藏河谷产区在头水后、海西盆地产区在二水后中锄前，用播种机补施追肥或面施锄埋，以防养分挥发烧苗。海西柴达木盆地在拔节前化控防倒，在抽穗开花期叶面喷肥2次。

（8）耕化结合，控草防病。在播前深耕、土壤处理灭虫防草与种子包衣防病的基础上，浇灌头两水后，能下地时及时中耕除草。根据田间杂草发生情况，选用适宜除草剂防除野燕麦与阔叶杂草。进入蜡熟期后，及时拔除条纹病和黑穗病等种传、土传病害病株。种子田要及时去杂，防止病虫草害传播与蔓延。

（9）及时收脱，颗粒归仓。成熟后及时收获，并尽可能使用收割机或联合收割机，坚决改变久熟不收、慢收慢打、久堆不脱等习惯，随收随脱，及时晾晒，防止虫蛀霉变和穗发芽等，确保丰产丰收、颗粒归仓。

2. 草原沟坡雨养旱地产区

本区包括藏东、藏南介于河谷和草原之间的坡沟旱地，四川甘孜和阿坝、青海海北、甘肃甘南、云南迪庆农牧交错区，青海海东、甘肃天祝等雨养旱作区。其中，西藏产区海拔3 800～4 100米，周边省份产区海拔2 700～3 400米。藏东、藏南和青海海东挂坡田多，其他区域以草原开垦地为主，日照、降雨、辐射、蒸发等与河谷盆台灌区近似，但气温较低、无霜期短。本区因地势偏高，基本靠自然降水，挂坡田更要等雨播种，干旱、霜冻、冰雹等自然灾害频繁，中低产田比重大，单产水平偏低，丰年供需平衡、灾年短缺。

（1）因地制宜选良种。根据各地生态条件和生产水平，科学选用良种，避免未经试验的跨区引种。

（2）把握墒情定播期。冬春有降雪积雪的地区，从北向南在3月底至4月中下旬抢墒播种；西藏中间地带旱地和挂坡田等欠墒产区，根据当地天气预报延迟至初雨前2周左右（即4月底至5月底）播种，确保与降雨匹配。

（3）测土配方科学施肥。按照“重基少追”原则，除亩施普通农家肥800千克或纯羊粪600千克外，每亩加施青稞专用肥25千克以上或磷酸二铵10 ～ 15千克、尿素5千克左右，随深耕与农家肥一次性施入。苗期可酌情每亩追施尿素2 ～ 3千克。

（4）积极推广种子包衣。播前选用适宜药剂进行种子包衣，并尽可能采用（大型）自动化机械包衣，保证质量、防止药害。没有机械包衣条件的，要按照使用说明书的剂量要求和方法，采用人工拌种。

（5）深耕机播保全苗。按照预定播期，播前用拖拉机深耕1次，并选用适宜药剂喷洒处理土壤，防除地下害虫和杂草，反复耙耱压实。尽可能用播种机播种，避免散播与畜力条播造成出苗率低。适当提高播种量，每亩播种16 ～ 20千克，并增施种肥尿素2千克。

（6）科学防治病虫草害。苗期选用适宜药剂喷雾防除野油菜、灰灰菜等双子叶杂草；苗期至抽穗前选用适宜药剂喷雾防除野燕麦等禾本科杂草；麦蚜田间发生初期，选用适宜杀虫剂防治。

3. 高寒偏草甸农牧过渡带粮草兼收产区

本区包括全区域各大牧区边缘向农区过渡地带，其中西藏（藏北、藏西及山南浪卡子等县）产区海拔4 200 ～ 4 500米，周边省份各产区（如玉树、果洛和玛曲、若尔盖、色达、理塘等州县）海拔3 400 ～ 4 000米。本区地势高、临草甸、雨雪多，土壤水分较充裕，但气温低、无霜期短，低温类灾害频繁。应根据各地生态条件和生产水平科学选种，避免未经试验的跨区引种。青海玉树、囊谦等黑青稞种植区，推广黑色青稞品种。合理施用磷肥、钾肥。

4.偏低海拔偏湿温农林交错带秋播产区

本区主要包括藏东南（林芝市与昌都南部三县）和迪庆、甘孜（康定、雅江、巴塘、乡城、稻城、得荣等）、阿坝（马尔康、小金、金川等）、甘南（舟曲、迭部）等横断山脉区域峡谷农林交错带。本区总面积不大、地理分布散，水热条件相对较好，但条锈病流行，春播青稞受害严重。改种冬播青稞后，病虫害减轻，产量稳定增加。应适当恢复扩大冬播青稞种植，加大良种推广力度，提升青稞自给水平。

附录二　稻茬麦机械化生产技术指导意见

农业部农业机械化管理司

（2017年11月2日）

本指导意见适用于长江中下游冬麦区和西南冬麦区稻茬小麦生产。

在一定区域内，提倡标准化作业，小麦品种类型、耕作模式、种植规格、机具作业幅宽、作业机具的调试等应尽量规范一致，并考虑与其他作业环节及下茬作物匹配。

1. 播前准备

（1）品种选择。长江流域不同稻麦两熟区生态条件和小麦品种适应性差异较大，要求按照当地农业部门的推荐，选择适宜当地生产水平和生态环境的小麦主导品种。

（2）种子处理。小麦种子质量应达到国家标准，其中纯度≥99%、净度≥98%、发芽率≥85%、水分≤13%。

播种前可进行种子晾晒，提高种子发芽势。同时，应进行药剂处理，以防治地下害虫，预防种传、土传病害和苗期病害。可根据当地病虫害发生情况，选择高效安全的杀菌剂、杀虫剂进行种子机械包衣或拌种，提高作业效率和包衣或拌种质量。拌种剂应严格按照所用农药标签和说明书要求使用。药剂拌过的小麦种子，应先闷6～8小时再适度晾干，以确保种子处理和播种质量。

（3）播前整地。应根据茬口和土壤墒情，选择适宜的耕整地方式。籼稻茬口小麦播前有一定的耕整时间，应适墒采用深旋耕或翻耕浅旋相结合的方式，进行精细整地，耕整深度应在15厘米以上。粳稻茬口相对较紧，应在水稻收获前10 ~ 15天排水，并采用深旋耕方式抢茬适墒整地，要求地表平整、土壤细碎、无大土块。如无整地茬口，可考虑采用小麦少免耕播种或稻板茬播种。

提倡水稻秸秆全量还田。收获水稻时应在收割机上加装碎草与匀草装置，稻秸长度控制在10厘米以下，并均匀抛撒。尽可能采用翻耕或反旋耕方式，深埋稻秸，尽量减少地表5厘米以内土层的稻秸量，以保证播种质量，为麦苗扎根、抗冻防倒奠定基础。

耕地前应施足底（基）肥（施用量见“田间管理”中“化肥施用参照表”），提倡用播（撒）肥机精确控制施肥量，并提高施肥均匀度。也可将种肥两用播种机的排种管和开沟器卸掉，用排肥器施肥，在精确控制施肥量的同时，还能通过肥料从高处降落后在地面的反弹，提高肥料颗粒在田间分布均匀程度。机械振动易造成复合肥和尿素在肥箱中自动分层，这两种肥料不宜直接混合后施用。提倡采用双肥箱播（撒）肥机，或复合肥与尿素分别施肥的方式。

2. 播种

根据农业部门的推荐，以及实际的茬口情况、品种特性、气候类型、土壤墒情等确定不同生态区具体播期。在适宜的气候条件与土壤墒情下，力争适期播种。

根据不同品种特性、播期和地力水平，确定播种量，严格控制基本苗。稻茬小麦适期播种条件下，每亩播量10 ~ 13千克，基本苗以15万~ 20万株为宜。早播、土壤肥力相对较好的田块播量适当减少，肥力相对较差的田块适当增加。此外，迟于当地适播期，每推迟一天播种，播量应增加0.5千克/亩，但最大基本苗以不超过所选用品种适宜亩穗数的80%为宜。

坚持机械化匀播作业。耕整地质量高、墒情适宜、肥力较好的高产田，提倡机械扩行条播。茬口紧张的粳稻茬小麦需抢茬播种，应选择旋耕播种一体机，完成“旋耕—播种—盖籽—镇压”

一次性作业。土壤比较黏湿的田块，可用小麦摆播机进行机械撒播，改条播为机械均匀摆播，先播种后浅旋灭茬盖籽。播种后用圆盘开沟机及时开沟，以利迅速排除地表水和降低土壤含水量。同时将切碎的沟土抛撒到两侧，均匀地覆盖到已播的地表。开沟深度25 ~ 35厘米，沟距3 ~ 4米，左右两侧抛土幅度各2米左右。

3. 田间管理

（1）合理施肥。根据不同品种产量水平、品质类型、需肥特性和土壤类型，确定总施肥量，提倡结合测土配方施肥和机械深施。施肥量、肥料施用时间及比例见附表1。

附表1　化肥施用参照表

单位：千克/亩

目标产量	肥料施用量			肥料施用时间及比例
	N	P_2O_5	K_2O	
450 ~ 550（中强筋小麦）	15 ~ 17	7 ~ 9	8 ~ 10	基肥用量：氮55% ~ 65%、磷50%、钾50% ~ 70%，其他为追肥。拔节追肥在小麦基部第一节间接近定长、叶龄余数2.5前后施用，施氮量占20% ~ 25%，配合适量磷钾肥，以复合肥（氮、磷、钾均为15%）20 ~ 25千克/亩、补加尿素5 ~ 8千克/亩为宜；孕穗肥在旗叶露尖至破口期、叶龄余数为0.5前后施用，施氮量占15% ~ 20%，即尿素5 ~ 8千克/亩 弱筋小麦则应降低氮肥追施比例，以底肥：拔节肥比7 ：3，或底肥：拔节肥：孕穗肥比7 ：1 ：2较为适宜，且追肥时期不宜过迟
400 ~ 450（弱筋小麦）	13 ~ 15	5 ~ 8	8 ~ 10	
350 ~ 400	11 ~ 13	5 ~ 8	7 ~ 9	
<350	10 ~ 12	5 ~ 8	6 ~ 9	

（2）病虫草害及倒伏防治。稻茬小麦草害采用播种后出苗前“封闭化除”；在越冬前气温较高或返青后气温回暖、日均温达到5 ~ 8℃时，对需要防治的麦田，再根据草相选用适宜的除草剂及时化除。

稻茬小麦区常见的病害为纹枯病、条锈病、白粉病、赤霉病等。其中，赤霉病应以预防为主。

近年稻茬小麦蚜虫等虫害呈加重趋势，在达到防治标准时应及时喷药治虫。

稻茬麦倒伏较为常见，在选用正确的栽培技术基础上，可考虑辅以化控防倒技术。对于群体较大、有倒伏风险的麦田，应在起身拔节前每亩喷施60克浓度为0.25%～0.4%的矮苗壮或15%多效唑可湿性粉剂50～75克。拔节至孕穗期发现有倒伏风险的田块，可在孕穗至抽穗期间喷施劲丰100毫升/亩，降低植株重心防倒伏。

在植保机具选择上，可采用机动喷雾机、背负式喷雾喷粉机、电动喷雾机、农业航空植保等机具，机械化植保作业应符合喷雾机（器）作业质量、喷雾器安全施药技术规范等方面的要求。

（3）排灌。稻茬小麦生长期间雨水较多，应搞好以排水为主的田间沟渠，合理配置外三沟和内三沟，做到“三沟”配套，沟沟相连，排水通畅。要求田外沟深1米以上；田头沟深40厘米以上，并与田外沟畅通；田内横沟间距小于50米、深30～40厘米，田内竖沟间距小于3米、深20～30厘米。

机械开沟作业不仅效率高，且开沟质量好，走向整齐、沟壁和沟底光滑，易于排水。一般采用圆盘式开沟机（配置大型动力）或旋耕刀（切土刀）式开沟机（配手扶拖拉机）开沟，根据不同沟的功能要求，设定开沟深度。冬春两季注意清沟理墒，保持沟系畅通、排水顺畅，确保雨止田干。

播种后若遇干旱和墒情不适，可灌出苗水，促及时出苗，但切忌大水漫灌。拔节期若遇持续干旱应及时灌小水。灌浆期若遇到持续干旱和高温天气，也应及时灌水。

4.收获

收割前，应做好田间排水及机具通行条件准备。

目前小麦联合收割机型号较多，对土壤含水量高的麦田，应采用履带式稻麦联合收割机。为提高下茬作物的播种出苗质量，要求小麦联合收割机带有秸秆粉碎及抛撒装置，确保秸秆均匀分布地表。收获时间应掌握在蜡熟末期，同时做到割茬高度≤15厘米，收割损失率≤2%。作业后，收割机应及时清仓，防止病虫害跨地区传播。

5. 注意事项

作业前应检查机具技术状况，查看机具各装置是否连接牢固，转动部件是否灵活，传动部件是否可靠，润滑状况是否良好，悬挂升降装置是否灵敏可靠。播种机、联合收割机作业中应及时清理保养；作业后应及时进行防锈处理；植保机具作业后要妥善处理残留药液，彻底清洗施药器械，防止污染水源和农田。

附录三　2018年大麦（皮大麦）生产技术指导意见

农业农村部小宗粮豆专家指导组

全国农业技术推广服务中心

（2018年5月7日）

大麦根据籽粒稃壳有无分为皮大麦和裸大麦两种。皮大麦产区分为春播区和冬播区，主要用作啤酒原料和饲料。为推进种植结构调整，加快皮大麦生产发展，农业农村部小宗粮豆专家指导组会同全国农业技术推广服务中心，提出2018年大麦（皮大麦）生产技术指导意见。

1. 春播区

春播大麦主要分布在内蒙古、黑龙江、甘肃、新疆等省份，以啤酒大麦生产为主，少量作为饲料和饲草。

（1）东北地区。本区以春播啤酒大麦为主，播种较晚、生长期较短。

①因地制宜，选择良种。根据当地生态特点、生产条件，结合品种特性和适应性，选择经过当地种子管理部门登记认证，春性较强、早熟、耐旱的啤酒大麦优良品种。

②施足底肥，精细整地。本区去冬降雪较少，且内蒙古东部和黑龙江西部地区夏秋遭遇干旱，要注意做好土壤保墒。深松灭

茬地块，冬前要耙平；免耕直播地块，播前应做好前茬粉碎，以免影响出苗。底肥在播种时随种子一同施入，每亩一般施纯氮9千克、五氧化二磷9千克、氧化钾2千克。

③适期播种，合理密植。选择玉米、大豆、油菜、向日葵等前茬地种植，土壤表层解冻深度达2 ~ 3厘米时即可顶凌播种。黑龙江南部4月1—25日，内蒙古西部3月20日至4月20日，黑龙江西北和内蒙古东北部5月5日至6月10日均可播种。降水较多或灌溉条件好的地区，肥力中等以上、亩产目标300 ~ 350千克的田块，每亩基本苗30万 ~ 35万为宜，发芽率95%、千粒重45克的种子，每亩播量15 ~ 17千克。旱坡地可适当增加播种量，但每亩最多不宜超过20千克。机械条播，行距15 ~ 20厘米，播后镇压。

④科学灌溉，合理施肥。水浇地在3叶期或拔节期浇头水，抽穗期浇二水，全生育期一般浇水2 ~ 3次，一般采用畦灌。为节约用水和降低生产成本，有条件的可采用滴灌或喷灌等节水灌溉技术。土壤肥力较低、麦苗长势较差地块，可结合灌溉酌情追施氮肥。啤酒大麦抽穗之后一般不再追施氮肥，以免造成籽粒蛋白质含量过高，影响酿造加工品质。

⑤防控病害，保证品质。条纹病和根腐病是本区大麦的主要病害，既影响产量又影响品质。条纹病防治可采用药剂拌种或种子包衣。根腐病可采用药剂拌种，或在播种时选用合适药剂同种肥一起施入土壤处理，并在抽穗期配合叶面喷施防治。

⑥及时收储，防霉防虫。青贮饲草大麦以乳熟后期或蜡熟前期、啤酒大麦以蜡熟期、饲料大麦以完熟期收获为宜。啤酒大麦和饲料大麦收获之后要及时脱粒、晾晒和储藏，防止虫蛀和霉变。

（2）西北地区。

①因地制宜，选择良种。海拔较低、灌溉条件较好的农田，宜选用生育期较长、春性稍弱、喜水肥的高产优质啤酒大麦品种。海拔2 000米以上、无灌溉的山坡地，宜选用耐干旱、耐低温的早熟品种。

②施足底肥，精细整地。一般冬前进行田间灭茬、灌溉保墒

和耕地耙平，保证来年春季播种出苗。冬前未灌溉整地和底墒不足的地块要进行春季灌溉。本区啤酒大麦常因施肥不当造成籽粒蛋白质含量超标而影响品质，建议在播种前结合整地施足底肥，生长期不再追肥，底肥施用量应根据实际地力确定，每亩一般施用纯氮12千克、五氧化二磷10千克和氧化钾2千克。

③适期播种，合理密植。与东北地区一样，建议初春顶凌播种。甘肃一般在3月10—25日，新疆在3月20日至4月20日播种，随着海拔高度增加，播种期可适当延迟。灌溉条件好、中等以上肥力、亩产400～500千克的田地，亩基本苗30万～40万，发芽率95%、千粒重45克，每亩一般播量15～19千克。高海拔旱坡地可适当增加播种量，但最多每亩不宜超过25千克。播种方式除机条播之外，也可机械起垄覆膜穴播，有利于抗旱节水。

④科学灌溉，合理追肥。西北地区降雨量少，有灌溉条件的地方在3叶期浇头水，拔节期浇二水，抽穗期浇三水，全生育期一般浇水3～4次。为节约用水和降低生产成本，宜采用垄作沟灌或畦灌，有条件的应采用滴灌和喷灌等节水灌溉技术。底肥不足的田块，应在苗期或拔节前适当追肥或水肥一体膜下滴灌。

⑤防控病害，除治草害。条纹病是西北大麦产区的主要病害，可采用药剂拌种或种子包衣等方式防治。野燕麦是本区大麦生产的主要草害，要选择适合药剂在苗期喷雾防除。

⑥及时收储，防霉防虫。西北地区大麦成熟期因播种期早晚而差别很大。青贮饲草大麦收割较早，啤酒大麦和饲料大麦成熟期，甘肃一般在7月15—25日，新疆从7月20日一直到9月底。青贮饲草大麦以乳熟后期、啤酒大麦以蜡熟期、饲料大麦以完熟期收获为宜。啤酒大麦和饲料大麦收获后要及时脱粒、晾晒和储藏，防止虫蛀和霉变。

2. 冬播区

冬播大麦生产主要分布在黄淮流域、长江流域、华南地区及西南高原。

（1）黄淮区。主要包括河北、山西、山东、河南、陕西全境和江苏、安徽北部地区。主要种植啤酒大麦、饲料大麦，少部分用于食用和青贮饲草。

①适期浇水，合理施肥。从孕穗拔节到抽穗开花是大麦一生发育最快、器官建成最多、肥水需要量最大的时期。2017年秋末，本区降雨偏多，大麦播种普遍推迟。要浇好返青拔节水，施好孕穗起身肥，促进早生快发。特别是对于土质差、基肥少、墒情不好、麦苗长势弱的田块，要结合浇灌返青拔节水，每亩施用纯氮7.5千克，酌情追施孕穗起身肥，促进幼穗发育，减少无效分蘖，保证穗数和增加粒数，达到高产稳产。对于肥力高、基肥足、长势旺的麦田，要少施或不施氮肥，防止后期贪青晚熟和倒伏，可每亩追施五氧化二磷3千克、氧化钾2.5千克，以壮秆防倒、促熟提质。大麦拔节之后，当旗叶生长至1/2大小，幼穗处于旗叶1/3叶鞘时，正是小穗和雌雄蕊发育盛期。要浇好抽穗开花水，施好授粉保粒肥。根据麦田土壤墒情及时浇水，并根据群体生长发育进程及时追肥，保证小花正常生长发育、开花授粉和结实。每亩一般追肥量掌握在总施肥量1/10左右，单株生长弱、群体发育差的可适当多追肥。但啤酒大麦此期不宜追施氮肥，以免造成籽粒蛋白质含量超标。开花授粉后10～15天，是籽粒灌浆和籽粒形成的关键时期，要浇好灌浆水，保证大穗大粒。根据麦田墒情及时灌溉，防止干旱。浇水时避免大水漫灌，并避开大风天气，以免引起倒伏。

②加强调控，防止倒伏。倒伏是引起大麦减产的主要原因之一，可通过苗期镇压、控水控肥和化学防控等方式防止倒伏。

③科学用药，防治病虫。本区大麦主要病害有白粉病、条纹病、网斑病、散黑穗病等真菌性病害及黄矮病，近年来赤霉病也时有发生，主要虫害有蚜虫和金针虫等。要定期查看麦田病情和虫情，在发生初期有针对性地选用高效低毒农药及时防控。

④及时收获，防霉防虫。发芽率高低是啤酒大麦最为重要的品质性状之一，收获过早或过晚都会对发芽造成影响，本区一般

在5月下旬至6月中旬蜡熟期收获最为适宜。饲料大麦和食用大麦可在完熟期或稍后收获。收前应避免或减少雨淋，防止穗发芽。收后尽快脱粒、晾晒、清选。当籽粒含水量低于12%时，及时包装入库，并依照生产用途，按品种分类存放，避免受潮及发生虫蛀和霉变，保证商品质量。青贮饲草大麦乳熟后期收割。

（2）南方区。包括江苏和安徽南部、四川和云南大部，以及浙江、福建、江西、湖北、重庆、贵州。主要种植饲料大麦和啤酒大麦，少部分用于食用和青贮饲草。

①沟渠配套，防旱排涝。本区去冬雨雪偏多，进入春季后随着降雨增加，应先修复整理好冬季损毁的麦田排灌沟渠，及时排水防涝，防止发生渍害，以免造成死苗减产。西南高原还应根据田间土壤墒情进行灌溉，防止干旱减产。

②合理施肥，促穗保粒。南方冬大麦绝大部分是稻茬种植，因去年晚稻收后连续降雨，播种期普遍推迟，应根据田间苗情进行肥水促控。对于土质差、基肥少，特别是因播种推迟造成个体长势差、群体小的麦田，按每亩施用纯氮7.5千克酌情追施孕穗起身肥。为保证小花和籽粒发育，旗叶生长至1/2大小、幼穗处于旗叶1/3叶鞘时，再次进行追肥。一般施肥量掌握在总施肥量1/10左右，单株生长弱、群体发育小的田块适当多施。

③强化调控，防止倒伏。对群体生长过旺或植株较高的麦田，可在拔节前或挑旗时喷施合适的化学调控剂，防控倒伏。

④合理用药，防治病害。南方地区大麦病害较多，主要有赤霉病、白粉病、条纹病、锈病、网斑病和散黑穗病等真菌性病害，以及黄花叶病等病毒性病害。由于该区去年冬季雨雪较多，应注意加强赤霉病和白粉病防治。条纹病一般采取播种前药剂拌种防治。当春季发现条纹病初发时，可结合喷施叶面肥进行防治。大麦黄花叶病属于土传病毒性病害，可通过选择抗病品种和加强春季田间管理，提高植株抗病性进行预防。

⑤及时收储，防霉防虫。除具体收获时间有所提早外，其余与黄淮区相同。

图书在版编目（CIP）数据

大麦青稞机械化生产新技术/朱继平等编著. —北京：中国农业出版社，2020.11
ISBN 978-7-109-27378-8

Ⅰ. ①大… Ⅱ. ①朱… Ⅲ. ①大麦-机械化栽培 ②元麦-机械化栽培 Ⅳ. ①S512.348

中国版本图书馆CIP数据核字（2020）第182410号

中国农业出版社出版
地址：北京市朝阳区麦子店街18号楼
邮编：100125
责任编辑：魏兆猛　　文字编辑：宫晓晨
版式设计：王　晨　　责任校对：沙凯霖　　责任印制：王　宏
印刷：中农印务有限公司
版次：2020年11月第1版
印次：2020年11月北京第1次印刷
发行：新华书店北京发行所
开本：880mm × 1230mm　1/32
印张：2.5
字数：65千字
定价：25.00元
